难倒老爸

科学解答看似简单的"孩子"问题

虫虫的小秘密

纸上魔方 编

吉林科学技术出版社

适合 6~9岁 阅读

图书在版编目（CIP）数据

虫虫的小秘密 / 纸上魔方著. — 长春：吉林科学
技术出版社，2014.10（2023.1重印）
（难倒老爸）
ISBN 978-7-5384-8290-4

Ⅰ.①虫… Ⅱ.①纸… Ⅲ.①昆虫－青少年读物
Ⅳ.①Q96-49

中国版本图书馆CIP数据核字(2014)第219262号

难倒老爸

虫虫的小秘密

编　纸上魔方
出 版 人　李　梁
选题策划　赵　鹏
责任编辑　周　禹
封面设计　纸上魔方
技术插图　魏　婷
开　本　780×730mm　1/12
字　数　120 千字
印　张　10
版　次　2014年12月第1版
印　次　2023年1月第3次印刷
出　版　吉林科学技术出版社
发　行　吉林科学技术出版社
地　址　长春市净月开发区福祉大路5788号
邮　编　130118
发行部电话 / 传真　0431-85677817 85635177 85651759 85651628 85600611 85670016
储运部电话　0431-84612872
编辑部电话　0431-86037698
网　址　www.jlstp.net
印　刷　北京一鑫印务有限责任公司
书　号　ISBN 978-7-5384-8290-4
定　价　35.80 元
如有印装质量问题 可寄出版社调换

昆虫长相的小秘密

　　千万别想滥竽充数，冒充昆虫家族成员哦。作为一只合格的昆虫，需要具备"三部六腿"。什么意思呢？其实就是：头部、胸部、腹部，外加六条腿嘛。

　　蜘蛛是不是昆虫呢？当然不是，因为蜘蛛有八条腿。另外，蜘蛛不是昆虫，还有一条很重要的证据，那就是：它只有脑袋和胸，没有肚子。

　　花金龟是昆虫吗？答案是肯定的！别看这家伙的"衣裳"千变万化，有的像老虎头上的王，有的一身绿，有的像京剧脸谱……但是不论穿成啥样，它依旧是六条腿。哈哈，小脑袋，胸，还有个大肚子，哪样都不少。

目 录
CONTENTS

透视昆虫的身体

头上长着触角、嘴巴和眼睛，六条腿分别长在胸、腹部……哈哈，虫有千千万，它们千差万别，但也会有一些共同点。每条虫都有翅膀吗？不是的，蚜虫就是一种不长翅膀的昆虫。

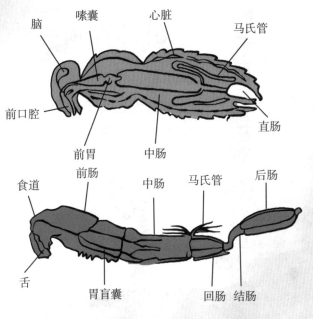

脑　嗉囊　心脏　马氏管

前口腔

前胃
前肠　中肠

食道

舌

胃盲囊

中肠　马氏管　直肠

后肠

回肠　结肠

复眼　前胸　中胸　后胸　翅

头部

腿节

平爪

▲昆虫的外形

　　哈哈，混迹在"虫国"，怎能没有特殊武器呢？比方说，臭虫的身体里还长着分泌特殊气味的腺体；切叶蚁那对大牙，能当水果刀用……它们的本领真是超奇特，你可能想都想不到。

▲昆虫消化道的构造

　　虫子虽小，可五脏俱全！小小的昆虫体内，有运转养分和废物的淋巴；有调动血液循环的心脏；有完整的肠道……当然也有指挥它们干这干那的大脑。

昆虫生活面面观

小蜜蜂筑巢忙，花蝴蝶采蜜忙，田鳖老爸育儿忙……哈哈，虫的世界里，大家也要为衣食住行精打细算。

▲枯叶蝶

快看，有一片"枯黄的叶子"立在了树干上！其实，那是一只枯叶蝶，装得可真像。

你知道昆虫喜欢吃什么吗？哈哈，尺蠖吃树叶，蛆虫吃各种腐烂的有机物，蚊子要喝血，还有些蚂蚁喜欢吃蘑菇那样的菌类植物……虫们能吃的东西实在是太多了。

一闪一闪亮晶晶！咦，萤火虫提着小灯笼，在草叶上干吗呢？嘘——别吵它，人家在等女朋友哦。

▼伪装的竹节虫

"小荷才露尖尖角，早有蜻蜓立上头。"蜻蜓最喜欢小河水了，因为这里有许多小害虫供它们食用。另外，蜻蜓需要在水中产卵生宝宝。

昆虫的栖息环境是怎样的

从山地到平原，从森林到沙漠，从小河到海滩，从乡村到城市……天哪，在这个世界上，昆虫简直无处不在。生长在不同环境中的昆虫，吃得不一样、长得不一样，而且各有各的神奇本领。

唉，蚊子就爱在人群里凑热闹，因为这家伙喝不着鲜血就活不了！

▼戴胜鸟追蝼蛄

哇，追上了，戴胜鸟追上了蝼蛄，正要用大长嘴夹住它呢！哈哈，真的不用替蝼蛄瞎操心，这东西眨眼间就能打个洞把自己藏进土壤里。

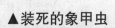
▲装死的象甲虫

　　咦，象甲虫为什么突然倒在树叶上了？别以为它是突发心脏病哦，其实这家伙在装死，因为这样才能逃过鸟儿的夺命大追捕。

昆虫家族长盛不衰的秘籍是什么

　　昆虫已经在世界上存在了很久很久，这个大家族直到今天仍旧"虫丁"兴旺！这是为什么呢？

　　原来，虫们飞得快，逃生本领高强；虫们吃得少，有点粮食就能活；虫们具有快速繁殖的能力，生的孩子数也数不清。哈哈，这就够了，如此非凡的生存能力，真的十分了不起。

▼蚂蚁围攻千足虫

昆虫之最

印度尼西亚的竹节虫，号称是全世界最长的虫；某种摇蚊呼扇翅膀速度超快，每分钟高达六万多次，竟然还脸不红心不跳的……天哪，每种虫都是一架神奇的小机器！

▼蝉

太吵了，太吵了，蝉的嗓门可真大！没办法，蝉就是鸣声最大的虫，男生找女朋友的时候吼一嗓子，声音能传出400多米远。

▼石蛃

你知道谁是世界上最古老的昆虫吗？告诉你吧，石蛃已经很老很老了，这东西在地球上活过好几千万年了，长得好像伸直了的虾米皮，褐色的。它们大多生活在阴暗潮湿的石头下，害怕了就会用肚子拱地，目的是把自己弹起来。

一岁"十八变"——蜉蝣

哦，瘦长的身体，大大的、透明的翅膀，额头上有一对短短的触角——蜉蝣长得有点像蜻蜓，小小的蜻蜓。这个虫子小时候其实可丑呢，黑乎乎的，像蟋蟀。所以它们曾经挺害羞的，一岁以前基本上都会躲在水里，不出来见人。躲起来能变美吗？能是能，但是变美真的很辛苦。那一年里经过20多次脱皮蜕变，蜉蝣终于变成了现在的俊俏模样。

哇，来了来了——新娘子来了！夏日的溪水边，经常有大队的蜉蝣，飞起来铺天盖地的。这是干吗呢？原来，它们在用这种方式举办一场盛大的集体婚礼。漫天飞舞的通常都是男生，一旦有姑娘飞过来，它们必定会投去殷勤的一瞥。

19

▲蜉蝣幼虫

　　快看，这就是蜉蝣幼虫趴好了的样子。它有六条腿，三条"尾巴"。因为尾巴实在是太细了，所以也被人们称作尾丝。最好玩的是，蜉蝣的腮长在了肚子上。

▲蜉蝣三变

　　从幼虫到亚成虫，再到成虫，这就是蜉蝣一生必经的三部曲。亚成虫变为成虫，需要24个小时，大多数蜉蝣成虫会在之后的几个小时之内走完今生。

　　唉，一只"小黑虫"，趴在河底的石头或水藻根茎上，它们渐渐地长出翅膀、变了颜色，有的嫩绿，有的嫩黄。但是，蜉蝣的生命实在太短暂了，变成成虫之后也就意味着生命将要结束。蜉蝣的成虫是不吃不喝的，最多就那么执着地飞上七天——假如找不到伴侣，它就只能孤独地死去了。

最用"心"的热恋——豆娘

　　黑色、红色、孔雀蓝色……豆娘的衣裳真是太鲜艳了，不同的衣裳还要搭配不同花色的翅膀呢。天哪，它们真该去做时装模特。豆娘喜欢水，它们常在湖畔、池塘或者小河边活动。假如你在一片叶子上发现了两只豆娘，一大一小正在面对面地互相看，嘘——不要打扰人家谈恋爱哦。

豆娘长着两对大大的翅膀，停下来休息的时候，翅膀会收拢在一起，立在背上，好像是魔法师的斗篷。实际上，豆娘一点儿都不善于飞翔，大翅膀忽闪一会儿，它们就累得不行了。所以，豆娘要在水草茂密的地方活动，以便随时停下来歇一会儿。

哈哈，如果一只豆娘迎面朝你飞来，你一定会惊叹：哇，眼睛太大了！这个小小的美美的豆娘一点儿都不顾念身材，它们喜欢吃肉。但是豆娘太弱小了，只能吃到蚊、蝇和蚜虫那种更小的东西。

◀一对热恋的豆娘

豆娘的肚子软软的，细看好像微缩的"竹节"。两只热恋中的豆娘会用肚子顶着肚子，共同摆出一个奇特的爱心形状。

▼蜻蜓大豆娘小

你知道豆娘的孩子在哪里吗？告诉你吧，豆娘会在没在水里的水草的茎叶上产卵。这样一来，宝宝一出生就会有吃有喝了。其实，蜻蜓也是这样生宝宝的。唉，在那个弱肉强食的昆虫王国里，蜻蜓会捕食豆娘，蜻蜓的幼虫也会吃掉豆娘的幼虫。

天然无毒的"蚊香"——石蝇

哦，它们收起翅膀的时候，形状有点像爸爸的领带，而且是深褐色的——这种其貌不扬的，有"天线"的飞虫就是石蝇了。唉，只要提到"蝇"，我们难免就想到了苍蝇，那家伙嗡嗡嗡的，哪儿脏它就去哪儿。其实大多数石蝇都不坏，它还最喜欢吃蚊子的幼虫，就好像无毒蚊香哦。

哈哈，不会唱歌可不行！因为石蝇想要找到亲密爱人，全靠歌声了。你知道石蝇怎样唱歌吗？告诉你吧，男生会通过抖动肚皮的方法发出求爱的声音。这时候，躲在附近的姑娘们会偷偷看，假如看上它了——那就跟上旋律一起唱。没错，二重唱表示恋爱开始了！

▲石蝇长成记

▲一只石蝇在树根附近产卵

没鼻子没眼睛的虫卵，长成了若虫，若虫经过几次蜕皮变为成虫——石蝇生命变化的过程真奇妙。蜕皮，其实是许多昆虫生命中的必经环节，因为它们的表皮长得比较慢。对了，这就像我们穿小了的衣裳要换掉一样。

用泥土做被子，是个不错的选择！给谁盖呢？告诉你吧，石蝇就是用这个办法保护孩子的。每年冬季到来之前，雌虫会在植物根部附近产卵，经过风吹雨淋卵就被泥盖上了，这样度过一个冬天完全没问题。

我们都知道，三文鱼的味道很鲜美。你想亲手钓到一条美味的三文鱼吗？哎呀，那就快去准备一些石蝇做诱饵吧，到时候一定会有嘴馋的大鱼冒险上当的！

撞撞头要出事——蝗虫

蝗虫就是蚂蚱。这家伙长了一对弹性超好的大腿，脚一蹬地就能跳得老高！鸟吃蝗虫，蛇吃蝗虫，青蛙也吃蝗虫，想想它们活得还真不容易。事实上，蝗虫泛滥成灾的时候，瞬间就能啃光大片庄稼，人们只有干着急的分儿。什么时候会闹"蝗灾"呢？唉，每个干旱的季节都是蝗虫的欢乐季，因为它们在温暖干燥的环境下活得最好了。

绿蝗虫、灰蝗虫，也有褐色或者黑褐色的蝗虫。其实这家伙长成什么颜色，完全要看周围环境如何变幻。哎哟，见着翠绿的玉米地就变绿，躲在枯草丛里就变成褐色——它们实在是太狡猾了。

蝗虫过境人人喊打！不论是干巴巴的树皮，还是鲜嫩嫩的卷心菜，总之，蝗虫大军所过之处，啥都剩不下。没办法，这种东西的生命力太顽强了，不论山区、林地、草原，还是干得冒烟儿的沙漠，它们在哪儿都能活下来。

▲偷吃卷心菜的蝗虫

▲若虫五次蜕皮变成大害虫

蝗虫也会把虫卵产在土里，大约21天之后虫卵变成了若虫，若虫再经过五次蜕皮就变成了大蚂蚱。

你知道"蝗军"是怎样集合的吗？告诉你吧，它们一见面只要撞撞头蹭蹭身体，就能释放一种群聚信号。一传十十传百，用不了几天，周围十里八乡的弟兄们就会聚拢过来，朝着同一目标祸害去了！

貌美心不美——兰花螳螂

快看快看，有的粉白，有的嫩黄中透着盈盈的绿，也有纯白色的——这就是神奇的兰花螳螂，它们粘在兰花枝叶上，还真能以假乱真哦。许多不同种类的兰花上，都有兰花螳螂为伴，它们简直是天生一对。天哪，这小东西竟然能够随着花朵颜色以及形状的改变，让自己也变化万千。

兰花螳螂刚孵出来的时候，身上黑一块红一块的，好像燃烧的煤块，但是慢慢地就变美了。一定不要和兰花螳螂做兄弟！天哪，那些一同出生的小螳螂，不但不会彼此关爱，还会

35

伺机谋害自己的骨肉同胞。强大的才会活下来，弱者将永远被埋没，或许它们曾经听过，达尔文先生所说的适者生存法则。

你知道兰花螳螂最爱吃什么东西吗？哈哈，吃果蝇，也吃蚂蚱，反正人家不是吃素的。兰花螳螂原产自亚马孙热带雨林，那时候它们会在自己的花朵上蹲守，等待蜘蛛、蜜蜂、蝴蝶、飞蛾等小虫路过。啊哈！起飞，一抓一个！

▼两败俱伤

　　不要啊，那个不能吃！如果你想讨好一只兰花螳螂，千万不要去野地抓蟋蟀给它吃哦。因为，野生蟋蟀的胃里可能有很多脏东西，这完全有可能要了兰花螳螂的命。

看我迷魂大法——竹节虫

天哪，又一个伪装高手！竹节虫这家伙，身体和腿全都瘦长枯干的，它跟树枝在一起还真的难辨真假。有时候，竹节虫也会被鸟儿慧眼识破，但是十有八九会成功脱逃。原来，一旦它感觉到危险就会突然跳起来，同时发出一道耀眼的彩光。这就是神奇的"闪色法"，有点像武林绝学的迷魂阵。

▼竹节虫的虫卵

　　呵呵，要想埋伏的时间更长，必须有个结实点的外壳做掩护，竹节虫的虫卵就是这样的。它们圆溜溜的，样子有点像植物的种子。你知道孵化竹节虫需要多久吗？嗨哟，长得也太慢了，一条竹节虫由虫卵变成幼虫，竟然需要一年到一年半的时间。

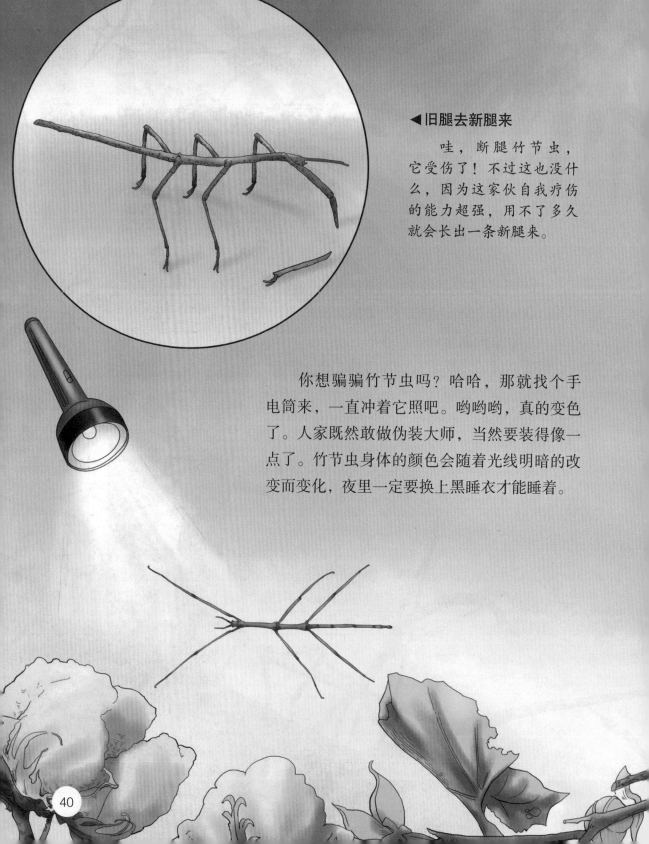

◀旧腿去新腿来

哇，断腿竹节虫，它受伤了！不过这也没什么，因为这家伙自我疗伤的能力超强，用不了多久就会长出一条新腿来。

你想骗骗竹节虫吗？哈哈，那就找个手电筒来，一直冲着它照吧。哟哟哟，真的变色了。人家既然敢做伪装大师，当然要装得像一点了。竹节虫身体的颜色会随着光线明暗的改变而变化，夜里一定要换上黑睡衣才能睡着。

全世界总共有2000多种竹节虫，这个庞大家族广泛地分布在各处的高山、密林里，不停嘴地狂吃乱啃！没错，它们是货真价实的害虫。唉呀，如果一片棉花田不幸被竹节虫盯上，农民伯伯一年的收成就算毁了。

爱心满满的两三天——孔雀蛾

　　天哪，太大了！孔雀蛾的个头简直和小麻雀差不多，一人穿一件花衣裳，款式和花色绝不雷同。没错，它们的聚会好像选美大会现场。孔雀蛾是天生的俊俏坯子哦，当它们还是毛虫的时候就已经很好看了。好看的毛虫什么样呢？快看快看，那胖乎乎的、绿莹莹的身体上，嵌着色泽艳丽的条条和点点，真像是翡翠雕成的物件。

如果，一只孔雀蛾姑娘落在了树上，偶遇的小伙子们一定会把它当成月亮公主，大家围着它翩翩起舞。接下来的两三天里，不论刮风下雨，远方的求爱者也会陆续赶来的——这种大飞蛾的一生仿佛注定为爱而存在。

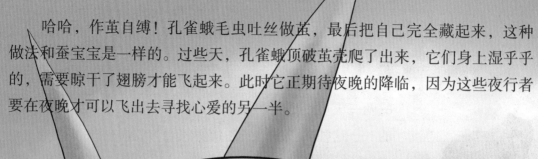

哈哈，作茧自缚！孔雀蛾毛虫吐丝做茧，最后把自己完全藏起来，这种做法和蚕宝宝是一样的。过些天，孔雀蛾顶破茧壳爬了出来，它们身上湿乎乎的，需要晾干了翅膀才能飞起来。此时它正期待夜晚的降临，因为这些夜行者要在夜晚才可以飞出去寻找心爱的另一半。

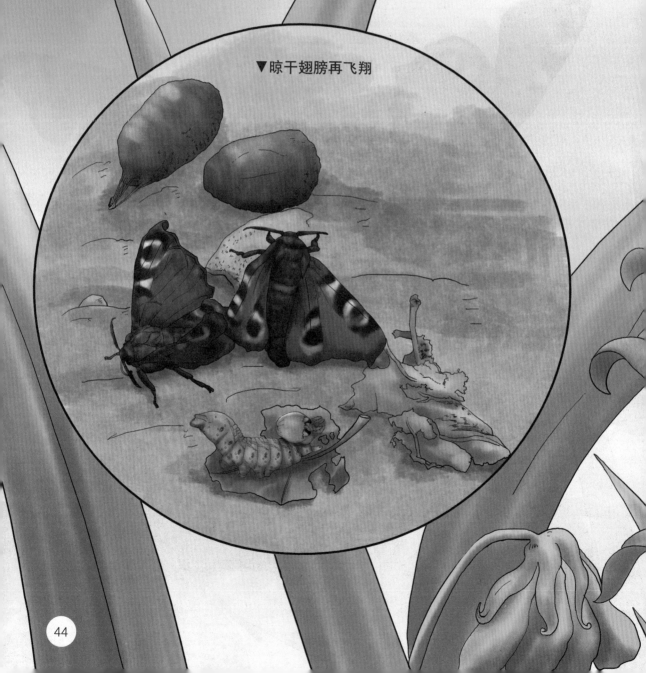

▼晾干翅膀再飞翔

来呀，快为它们祝福吧！假如某个清晨，你发现树枝上，有一对相依相偎的孔雀蛾，这时一定要说祝福的话哦。因为它们已经找到了一辈子的爱情，尽管再也飞不起来了，但至少没留下什么遗憾。

▲孔雀蛾幼虫

哦，杏树叶子是孔雀蛾幼虫的最爱，它们为了蓄积长大的力量不停地嚼啊嚼。孔雀蛾一旦破茧成蝶，就不再吃东西了，最多还能活上两三天。

排排队爬得快——松毛虫

松毛虫就是谋害松树的凶手！这个破虫子小的时候，身上长着凌乱的毛毛，而且有毒哦。假设成功地熬过了寒冷的冬天，松毛虫就得意了，到时它们会疯狂地啃松枝、啃松叶。过不了多久，成片的松树貌似还扎根在土壤里，其实已经枯死了。

杜鹃、黄鹂鸟、大山雀、灰喜鹊……其实松林里还有很多益鸟，会把松毛虫当点心。所以，在松柏林中给鸟儿搭个安乐窝，热烈欢迎这些护林小英雄前来居住，就是最环保的防虫高招。

咳，叫它们松毛虫还有点片面。因为这些家伙是连柏树也不会放过的！待到吃饱喝足，松毛虫们也就长出了翅膀，变成一种长白毛的飞蛾。哈哈哈，集体搬家，寻找另一片松林住下来，继续产卵，卵变成虫接着为祸一方。

或许，在这个奇妙的生物世界里，每个生命都有值得敬佩的地方。难道松毛虫也有优点吗？哦，我们要向松毛虫学习如何遵守秩序，它们爬树的时候，一定会乖乖地排成一队，绝没有加塞儿的。所以，这些家伙的外号也叫列队虫。

▼虫卵变飞蛾

由虫卵到毛虫，毛虫结成茧子化成蛹，最后变成飞蛾，松毛虫的一生与大多数蛾子类似。这家伙在幼虫阶段会吐丝，而且吐了丝还得显摆一下，咬着自己的丝线从树上垂下来。这是干吗呢？原来，丝就是它们的秋千绳，只要一阵风吹来，松毛虫就可以轻轻松松地荡到另一棵树上了。

视粪土为金钱——圣甲虫

哇，大黑甲虫来了！它那油亮油亮的壳，好像爸爸的新皮鞋。圣甲虫可能出现在许多地方，例如草原、高山、沙漠，还有树林里。这么说吧，哪里有粪，哪里就有它们忙碌的身影。

　　假如把圣甲虫派去做农夫，它们的庄稼地收成一定很不错！一方面，它们会把辛苦运来的粪埋进土里，肥料的来源就解决了。另外，圣甲虫钻进土壤里松土翻地，就连耕牛和犁杖也省了。天哪，这样用心经营一块土地，不肥沃才怪呢。

　　视粪土为金钱！哈哈，这就是圣甲虫的座右铭。如果一头大象刚刚方便过，那气味把人熏得几乎要晕过去，我们在动物园的大象馆里可能都有过类似经历。但是，圣甲虫不仅不嫌弃，而且还呼朋唤友兴高采烈地冲上去，一转眼就把地上的污物清理得一干二净。

▼圣甲虫施展挖土神功

圣甲虫还是个很棒的小型挖掘机呢，通常只需要2~3个小时，这家伙就能挖出一个大坑来。我的天哪，坑边的土极有可能达到它自身体积的400倍以上。

圣甲虫的壳究竟有多坚硬，这个问题或许应该请教雄鹰先生。因为，鹰经常能够逮到圣甲虫，虽然每次用它强有力的鹰爪又推又按，依然不能把那虫子怎么样。

名不副实——纺织娘

纺织娘是谁，就是会织布的阿姨吗？哈哈，你被骗了！这个纺织娘是一种虫，它们长着大长腿，会发出沙沙的，好像纺车织布的声音。对，它们是徒有虚名的纺织娘，真的不会织布哦。

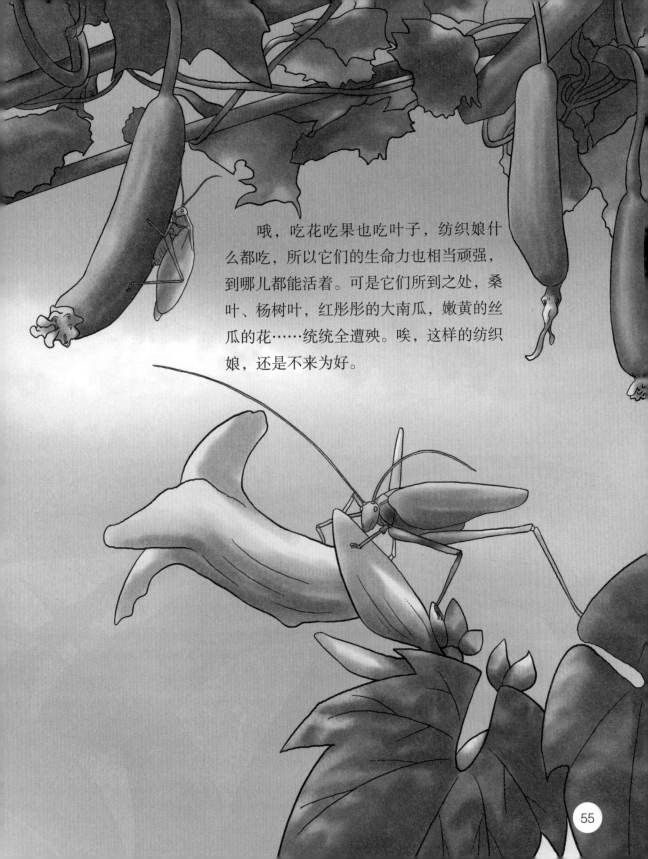

哦，吃花吃果也吃叶子，纺织娘什么都吃，所以它们的生命力也相当顽强，到哪儿都能活着。可是它们所到之处，桑叶、杨树叶，红彤彤的大南瓜，嫩黄的丝瓜的花……统统全遭殃。唉，这样的纺织娘，还是不来为好。

白天，纺织娘几乎是闭口不言的。但是天一黑下来，这家伙就变得兴奋了，到时候雄虫一边叫唤，一边转圈圈。没错，它正在寻找女朋友。

▼凉台乘凉的纺织娘

其实，把纺织娘带回家关进笼子里，听它带来的免费音乐，也是一种不错的享受。但是要注意哦，一定要把小笼子挂在阴凉通风的地方，因为它们既怕光又怕热。

如果你想抓到纺织娘，那就看准了，然后对它大吼一声吧。哈哈，这虫子是个胆小鬼，只要听到突如其来的声响，一定会被吓呆的。

变样的"醉汉"——胭脂虫

我们都知道，仙人掌一身刺，尖得好像钢针一样，扎人绝不留情。你见过长"痘痘"的仙人掌吗？哈哈，长痘说明，它已经被胭脂虫盯上了！不过这虫子实在太安静，它们趴在仙人掌身上既不吵也不动，完全看不出来是种动物。

那些肥厚的仙人掌的茎干，是大大小小的胭脂虫聚餐的最佳地点，这家伙要想活下去，就得没完没了地吮吸仙人掌的汁液。但是，人家不会白吃白喝哦。难道还有回报吗？当然了，胭脂虫身体里会合成一种天然色素，就是胭脂红。这种东西可以被适量添加到化妆品、药品，甚至食品当中，用途还挺广泛。

好几百年之前，一部分西班牙人靠养殖胭脂虫发财了！没发财的人也开始希望，种下一片仙人掌，再招来一群胭脂虫。唉，怕就怕天公不作美，只要一场瓢泼大雨不期而至，仙人掌就会变得鲜绿鲜绿的，寄居在上面的胭脂虫也就全军覆没了。不过现在好了，用来养育胭脂虫的仙人掌全进了大棚，风吹不着雨淋不到。

◄现出原形

你想看看胭脂虫的真面目吗？哈哈，那就把它扔进酒精里，泡上24个小时吧。到时候，包裹在虫子身上的白色的像蜡一样的东西将会完全消失，一只黑红色的大甲虫就这样现身了。

这杯水变甜了 ►

人们想要赞美奶牛，一定会说它：吃的是草，挤出来的是奶。没想到，原来胭脂虫也很无私。胭脂虫也喜欢趴在一种叫胭脂栎的树上吸食树的汁液，喝饱了竟然还会吐出甜水来。

鼻子一点儿都不长——象鼻虫

哇，真的有个大长"鼻子"！其实，象鼻虫没有大鼻子，它们脑袋上多出的那个东西是嘴巴。哈哈，有了这张嘴，吃、喝、打洞样样行！这家伙会在植物的表皮开凿出沟壑或者洞洞，再把虫卵生在里面。

不要小看象鼻虫的幼虫，它们胃口好得很，一出生就会藏在植物体内，闷不作声地狂吃。可怜的香蕉树常常被象鼻虫偷袭。有些时候，一阵大风刮过香蕉林，许多香蕉树突然被拦腰折断，人们这才发现许许多多撑得肚圆的象鼻虫。

唉，象鼻虫的种类有很多，但无一例外都是害虫。有的象鼻虫吃棉花，有的吃谷物，有的吃竹子……还有一种米象，可能就在你身边哦，它们会把咱家里吃不完的大米粒蛀成空壳。所以，夏天来了一定不要存放太多粮食，不然就会便宜了象鼻虫。

▼蜜蜂盯上象鼻虫

　　自然界里，只有少数几种大蜜蜂能够对付象鼻虫。哎呀，这家伙可狡猾呢，遇到敌人还会耍赖装死。

象鼻虫的蜕变 ▶

　　由虫卵到肉乎乎的幼虫，再长出硬壳和翅膀……象鼻虫变变变！假如长翅膀之前，天气已经有点冷了，它们会选择在蛹里度过冬天。没办法，这家伙非常疼爱自己。

绿胖子变形记——菜粉蝶

哦，胖虫子，又绿又胖，会吐丝的胖虫——菜粉蝶小时候就是这个样子的。油菜、卷心菜，还有大白菜，它们汁多叶又嫩的，菜青虫最喜欢了。你看过菜青虫玩蹦极吗？假如一只小鸟来捉虫了，这家伙会咬住自己的丝线，迅速从菜叶子上骨碌下去，同时把身体蜷作一团。它的意思是说：眼前是一条死虫子，鸟先生吃这干吗呢？

唉，为了让自己的孩子有饭吃，菜粉蝶会一边飞一边产卵，每棵菜上留几个后代。天哪，那些虫卵就像定时炸弹一样，不久之后就会让好好的菜变得遍体鳞伤，满身是洞洞！

◀赤眼蜂的美餐

赤眼蜂防治害虫有一套，这种红眼睛的小蜜蜂最喜欢吃菜粉蝶的虫卵了。

蝴蝶翩翩飞，有花蝴蝶，还有白蝴蝶，你能认出哪个是菜粉蝶吗？告诉你吧，大多数菜粉蝶是白色或者淡黄色的。另外，它们的翅膀上一定长着黑色的圆点，也可能是斑块。

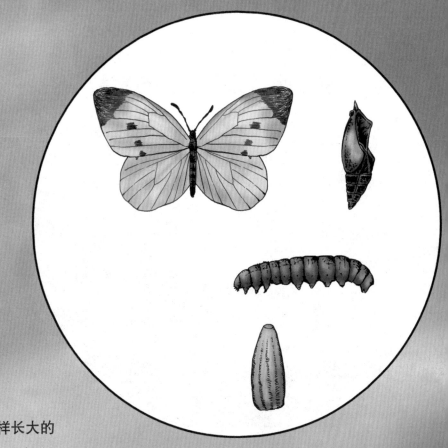

▲菜粉蝶是这样长大的

　　哦，菜粉蝶的虫卵长得好像葵花子，这东西会长成菜青虫，再结茧，最后破茧成蝶。当虫卵变成幼虫的那一刻，它的第一餐是吃掉自己的卵壳。

咱家就是兵多——行军蚁

行军蚁比我们想象中的小蚂蚁要大一点儿，它们的身长大约和我们的小指甲盖差不多。这种东西既性狠又善战，经常合伙捕捉蜈蚣那样的毒虫！

你知道一个行军蚁军团有多少成员吗？天哪，100万个兵算是少的，多的可能有200多万个！这样晃晃荡荡的蚂蚁大军，抱着以数量压倒一切的坚定信念，终日游荡在亚马孙河流域各个角落。不论遇到熊还是牛，必然扑上去搏一搏，而且出手必胜。

休息时间到了，行军蚁们会彼此拥抱，大家合体变成一个球。这时候，工蚁不能睡，它们在圈外站岗，弱小的蚂蚁被围在最里面。

▲抱团休息

哦，遇到蜘蛛网就难办了。虽说行军蚁算得上无敌捕食者，但是那些会吐丝的虫也会在它们行进途中制造一些小麻烦。比方说，结成细密柔韧的丝网，拦住行军蚁的去路。

72

▲ 蜂蚁对峙

　　大黄蜂很厉害吗？天哪，它竟然是行军蚁的手下败将！假如，一队行军蚁看上了某个大黄蜂的蜂巢，一场恶斗就要开始了。探路的行军蚁先一步冲上树，就算落入蜂口也没关系，因为它的战友们一定会前赴后继，将蜂巢攻下来的！

千里挑一喷喷香——椿象

全世界共有5000多种椿象，有黑的、花的、树皮色的……它们极力伪装起来，厚着脸皮在各种植物身上偷吃偷喝。不论装成啥样，这东西基本上都是：小脑袋，尖尾巴，形状有点像盾牌。

叫蝉不是蝉，桂花蝉这东西实际也是一种椿象，土名也叫大田鳖。它们喜欢临水而居，比方说在池塘、稻田跟前住下来，吃个小鱼、小虾，还有小田螺。

▼盾牌模样的椿象

哇，螳螂举着大刀来了，它在追捕椿象！虽说螳螂是个捉虫能手，但是椿象却根本不害怕。这是怎么回事呢？原来，绝大多数椿象都有"毒气弹"。每到危急时刻，它的身体就会散发出难闻的气味，简直熏死人了。但是桂花蝉例外，它不仅不臭，而且还能散发出香味呢。

▼麻皮蝽刚脱壳

黄斑椿象又叫麻皮蝽，是一种身上有点点的椿象。椿象的幼虫刚刚出壳的时候，没头没脚，圆溜溜的，好像半透明的珠子。最有意思的是，一小堆麻皮蝽会把刚刚脱下的空壳围成圈圈，并且结伴在圈里待上好一会儿。

▼背着孩子的田鳖老爸

椿象家的田鳖先生，号称是个好爸爸。因为雄虫会把虫卵背在自己的后背上，直到孩子们平安出生，它才能卸下那些甜蜜而沉重的负担。

77

美丽就在晾翅时——斑衣腊蝉

哇，"花蹦蹦"吓跑了！简直是一闪而过。斑衣腊蝉小名叫"花蹦蹦"，因为每当它受到惊吓的时候，都会飞快地跳开。没办法，这家伙飞行能力太差，翅膀算是白长了。斑衣腊蝉不是什么好虫子，它会危害桃、葡萄、石榴、海棠等花木，最喜欢的是臭椿。

穿着黑底白点的衣裳，嘴巴长得好像猪鼻子——斑衣腊蝉小时候就这样，是一种挺难看的小甲虫。但是长着长着，你就认不出它们来了。变成什么样了呢？哦，黑衣变花衣，还长出了蝴蝶一样的翅膀。长大了的斑衣腊蝉也不会轻易张开翅膀，但是张开了真的好看，黑红相间，或者还有淡蓝色斑块。所以，它们还有个名字，叫作花姑娘。

快看，这真是个惊艳的瞬间！斑衣腊蝉的幼虫会蜕皮，每一次蜕皮称作一龄，就好像我们长了一岁似的。大龄若虫超漂亮，远看好像粉红色的桃花瓣，遗憾的是，长了斑点。

哈哈，沐浴着温暖的阳光，找一根鲜嫩的枝条——大虫和小虫共好几十只排队上树了！天哪，一伙斑衣腊蝉正打算埋头吸树汁呢。这些厚脸皮，喝饱了还会仰起头歇一会儿，那样子好不得意。很快，它们饱餐一顿四散开去，留下的是一条条枯萎的树枝。

▼斑衣腊蝉换衣服

每年8月中旬，斑衣腊蝉产卵的季节就要到了。哦，把卵产在朝南的树枝上，接受天然日照，这家伙精着呢。从小到大经历三次蜕皮，它们也就真正长大了。

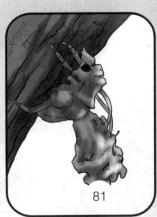

闯"黄灯"死定了——烟粉虱

烟粉虱也叫小白蛾，它们就像蚂蚁那样，小小的。可是别看这东西个子小，可禁不住家族兴旺，成员众多。它们喜欢吃青椒、黄瓜、西红柿……好像也没什么不吃的。天哪，经常搞覆盖式侵袭，举家祸害一大片庄稼地。

哼哼，什么好吃吃什么，烟粉虱竟然可以察觉某种植物的精华在哪里。比方说，吃卷心菜要吃叶子，吃萝卜就不能吃萝卜缨。然后你会发觉，被它们啃过的卷心菜，叶子黄了，被它们啃过的萝卜变得干干巴巴，啥滋味都有了。

其实烟粉虱也有失算的时候，它们可能选错了安家的地方哦。假如，这东西选在一棵老莴苣上产卵，孵出若虫基本没法成活。相反，如果换在嫩叶莴苣上产卵，大多数幼虫就都会活下来。

有一种小蜜蜂爱把烟粉虱的虫卵当成眼中钉，见着一定要除它！谁呢？那就是丽蚜小蜂，一种穿着黑上衣黄裙子的小蜜蜂。

你知道烟粉虱最喜欢什么颜色吗？告诉你吧，是黄色。所以，人们依据这虫子的特性造出了黄色的粘虫板，等着它们自投罗网。

▲烟粉虱碰壁了

▼天敌来了

"蚜狮"凶巴巴——草蛉

哦，身体瘦瘦绿绿的，长着透明的大翅膀——草蛉来了，喜欢吃蚜虫的草蛉！蚜虫真是太可恶了，它们寄生在桃树、苹果树、棉花、菜叶上……几乎无处不在。小心哦，干坏事一定不要被草蛉发现！哈哈，你知道"蚜狮"是谁吗？告诉你吧，这就是草蛉幼虫的绰号，意思是说它们捉起蚜虫来好像狮子一样凶猛！

虫卵长成幼虫，幼虫变成蛹，蛹再变成有翅膀的草蛉，这时候草蛉就长大了。由于虫卵和蛹是不能吃东西的，所以，草蛉的幼虫和成虫才是消灭蚜虫的主力。天哪，草蛉幼虫简直是个大胃王，一天能吃100多只蚜虫。

▲虫卵倒悬

　　草蛉会在草叶上产卵，它们小小的卵是椭圆形的，而且托着一根丝线。哦，一阵清风吹来，那些卵粒摇摇摆摆，好像腾空飘浮的麦粒似的。

▼背着虫壳走一程

　　草蛉可斯文了，它们吃害虫并不是大口大口地嚼，而是把嘴插进蚜虫的身体，像喝椰汁那样把蚜虫吃掉，最后只剩下一个虫壳。有一种亚非草蛉玩心可大了，这家伙竟然会学蜗牛，驮着害虫的空壳，走上好远一段路途。

草蛉长大以后，吃东西的品位也会有所变化。其中一部分草蛉成虫，会像蜜蜂和蝴蝶那样，在花丛中飞来飞去，吃花粉喝花蜜。当然了，如果香甜的花蜜能够吃饱肚子，它们也就不会再去捉虫吃了。

彩虹的眼睛——吉丁虫

哇，横着看的确有点像人的眼睛，而且色彩斑斓——这就是吉丁虫，它们生活在热带地区的大森林里，因为艳丽的色彩而被人们称作"彩虹的眼睛"。我们都知道，森林大火会让许多动物暂时失去家园。但是有一种黑吉丁虫最盼着着火了，因为刚刚烧焦的松树蓄积着热量与养分，是它们产卵以及孵化幼虫最理想的场所。

你知道吉丁虫的幼虫是怎么吃东西的吗？天哪，这家伙会藏在树皮下面向外拱，简直像电钻一样！吉丁虫也叫"爆皮虫"，就是因为被它们拱过的树皮一定会裂开大口子。

长大的吉丁虫喜欢阳光，白天里非常活跃。而且这东西具有不错的飞翔能力，想要活捉一只还真的挺不容易。难道它就没有弱点吗？哈哈，一只正在晒太阳的吉丁虫会变傻的，这时候几乎是一抓一个。

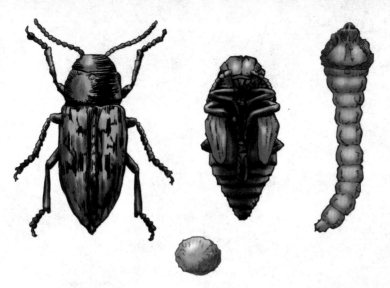

别看长大的吉丁虫衣着光鲜亮丽，其实它们小时候可丑呢。幼虫时期脑袋大尾巴尖，身上一节一节的，反正就是一条最难看的毛毛虫。

　　樱花树、梅树，还有核桃树，都是吉丁虫经常光顾的地方。它们会找个向阳的枝丫，做窝产卵。如果园丁能够及时发现，并且将遭受虫害的枝条剪下来，这样就不会连累那些健康的枝条了。咳，一旦让吉丁虫鸠占鹊巢，没准儿整棵树都会枯死的。

93

最爱黑夜里的亮光光——独角仙

哈哈，独角仙是一种大个子的甲壳虫，学名叫作双叉犀金龟！它们的头上顶着一个分叉的犄角，那玩意有点儿向上弯卷，好像一个变了形的叉子。

你想见到独角仙吗？那就趁着黑夜，去栎树林里放光芒吧，比方说打开手电筒。这是要干吗呢？原来，独角仙是栎树林中的常客，而且喜欢亮光，黑夜中突然出现的光亮一定会把它们吸引过来的。

▼左女右男

其实，大长特角是雄独角仙的专利，雌虫是没有那个装备的。

▼给点阳光就变绿

哇，变绿了！大多数时候，你看到的独角仙是黑黑亮亮的。但是一旦强烈的阳光照在它的背上，这家伙就会改变颜色，比方说变绿。

▼生儿育女

母独角仙产卵的时候，会使用后腿猛蹬，肚皮狠压的方式，让自己脚下的土壤尽量变紧实一点。如果是人工饲养的独角仙，主人会替其把箱底的土压实，这就是为了给母虫节省体力。

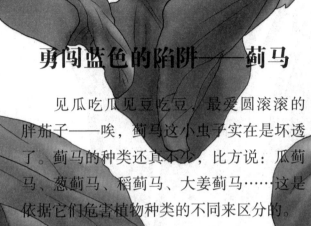

勇闯蓝色的陷阱——蓟马

见瓜吃瓜见豆吃豆，最爱圆滚滚的胖茄子——唉，蓟马这小虫子实在是坏透了。蓟马的种类还真不少，比方说：瓜蓟马、葱蓟马、稻蓟马、大姜蓟马……这是依据它们危害植物种类的不同来区分的。

蓟马靠吸吮各种植物的汁液活着，最可怕的是，这东西一年四季都不闲着。春夏秋三季，蓟马一度保持着旺盛的生命力，极有可能在露天田地里大面积爆发。冬天怎么办呢？放心，它们会躲进温室大棚里过冬的。

我们都见过大葱的叶子，又绿又直的。但是，有的葱叶上也可能出现白色的道道。这是怎么搞的？太糟糕了，白道道说明，这棵葱已经被蓟马尝过鲜了。

▲上当了

防治蓟马当然可以使用农药了，但是农药会危害我们的身体健康。这可怎么办呢？哈哈，那就来个物理疗法吧。这家伙喜欢蓝颜色，只要在田间地头放上蓝色的粘虫板，它们就会掉进美丽的陷阱里了。

◀从小到大

一只蓟马由虫卵长到成虫，大约需要20天时间。假设，它们还是虫卵的时候，出现了连绵不断的阴雨天，那可太棒了。原来，这种东西无力承受太大的湿度，会被连绵的雨水扼杀掉的。

狂吃的夏天——马陆

　　哇，再也不想见到它！马陆就是千足虫，这家伙的身体长成一节一节的，有点像洗衣机的管子。非洲有一种巨人马陆，它们的身长可能达到38厘米，几乎和小狗的身长差不多。千足虫真的有1000只脚吗？哈哈，它们的脚是不少，但是最多也就300对。马陆是昆虫吗？其实它是一种多足动物，名字叫"虫"，但不是昆虫家族的成员。

　　亚马孙热带雨林里生活着一种猩红马陆，那是一种超级大毒虫哦。每当遇到危险的时候，它们的身体就会发狂地扭动，同时喷发出红色的毒液。天哪，如果这种毒液溅到人或动物的眼睛里，那会瞬间被毒瞎的。

　　马陆的种类可真不少，有
的有毒有的没毒，它们的栖息地
多得很。所以有的时候，小鸡小
鸭和小鸟也会和马陆相遇的。
呵呵，团成团卷成卷，这是马陆
常用的避险方法。但是即便这样，有经验的小鸟也不会去啄马陆。这是为什么
呢？原来，马陆会发出一种特难闻的味道，招惹它可没什么好处。

不速之客▶

　　如果你家里有一盆文竹，或者盆栽海棠，那可要小心喽。因为，马陆很可能寄生在这些植物的土壤里。

　　某种程度上，马陆分担了蚯蚓的工作，因为它们有吃枯木、落叶的习性。这样一来，它们的排泄物就变成了不错的肥料。我们都知道，炎热的夏天里，人的胃口可能会变差。马陆就不一样了，气温越高，这家伙就越能吃。

爱我你就闪一下——萤火虫

全世界大约有2000种萤火虫，它们打着小灯笼照亮夜晚的草丛、树林和池塘。哇，好像小星星来到凡间，正在寻找回家的路似的。你知道萤火虫为什么会发光吗？原来，这个小虫虫身体里有两样法宝，那就是：萤光素和荧光素酶。它们藏在发光的细胞里，不断地发生化学反应，最终点亮了萤火虫小小的身体。

我们都知道，灯泡发光的同时会变热。那么，萤火虫会不会变热呢？当然不会了，因为光与热的转化也是有一定条件的。而萤火虫发出的那种光线，转变成热量的机会极其微小。对，这就是奇妙而智慧的生物体！

太阳落山之后，最初的一个小时之内，萤火虫的希望也被点燃了。这时候它们会点亮小灯笼，静静地趴在草叶上期待着爱情。你知道男生是怎样呼唤女生的吗？原来，它每隔20秒就会闪亮一次。假如哪个女生对其有好感，就会用更强的亮光给予回应。哈哈，这就像对暗号一样。

▼萤火虫幼虫吃螺丝

其实，萤火虫的幼虫也是黑乎乎的，好像一条瘦小的毛毛虫。这个小东西很贪吃哦，它们竟然会钻进田螺壳里吃田螺肉。

萤火虫的虫卵圆溜溜、黄澄澄的，样子有点像黄豆，只是没那么大。幼虫由卵中孵化出来，还要经过六次蜕皮，才能变成蛹虫。长大后的萤火虫，就是个长着翅膀的大眼睛的小甲虫。

难得办好事——苍蝇

天哪，哪里有垃圾哪里就有苍蝇，到处传播细菌……天底下没人会喜欢这个家伙的。其实有的时候，苍蝇也会在不经意间做了好事。什么情况？原来，

苍蝇偶尔也会吃顿好的，比方说花蜜。这样一来，它们就成了传粉使者，好像小蜜蜂一样。

你知道一只苍蝇的寿命有多长吗？告诉你吧，连虫卵都算上，雌蝇大约能活1～2个月，雄蝇比它短命。另外，一只苍蝇的寿命与环境温度的关系很密切，太冷会冻死，太热会热死。当周围温度维持在30℃～35℃的时候，苍蝇是最得意的。

无头苍蝇嗡嗡叫！快看，快看，它们会围着大牛团团转，惹得人家不停地摇晃尾巴。其实每到夜晚，苍蝇就会安静下来的，因为这东西是个"见光乐"。

我们都知道，苍蝇飞得可快了。但是，这家伙也有麻痹大意的时候。天哪，螳螂纵身一跃，挥起大刀，苍蝇就完蛋了！

虫卵孵出蛆虫，蛆虫变成蛹，最后才是长着翅膀的苍蝇。某些情况下，人们也会饲养苍蝇，目的是获得蛆虫。天哪，那可是不错的蛋白质来源，用作鱼饵或者养鱼的饲料是挺棒的。

113

公的蒙冤泪汪汪——蚊子

蚊子的鼻子超好使，对温度的感应也超灵敏。它们能够闻到哪里有汗水的味道，追去咬出汗的人一口。它们也能闻到小小孩在哪里，那些小不点儿嫩嫩的皮肤是蚊子的最爱。咳，蚊子这东西不去当侦探，实在是太屈才了。

假如，你想尝尝被蚊子追踪的感觉，那就穿一件黑色的衣服吧。天哪，那些坏蛋绝不会放过黑衣行者！难道就甩不掉蚊子了吗？其实，夏天乘凉的时候，你可以带上一把扇子，并且不停地扇动。因为扇子扇的那股风，会让蚊子讨厌你的。

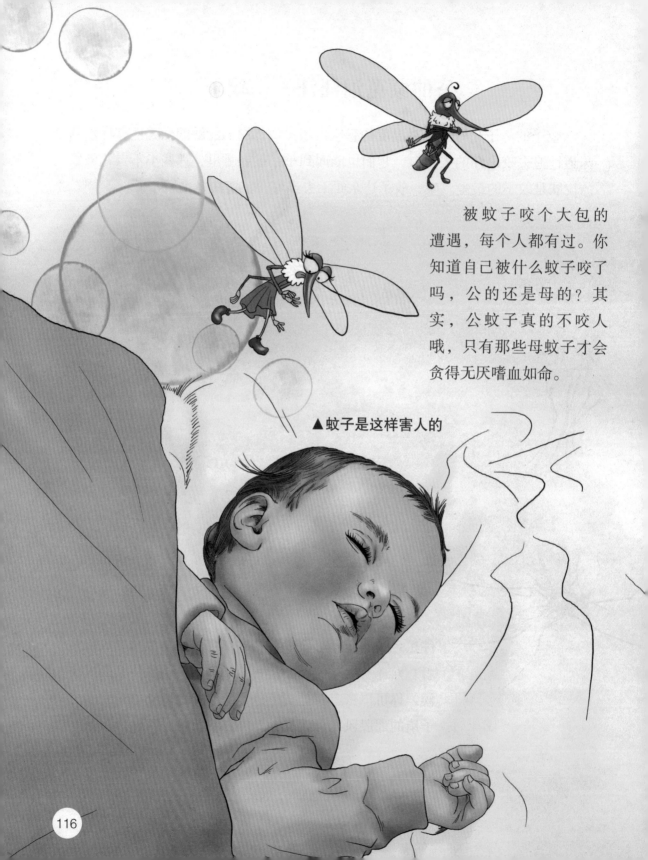

被蚊子咬个大包的遭遇，每个人都有过。你知道自己被什么蚊子咬了吗，公的还是母的？其实，公蚊子真的不咬人哦，只有那些母蚊子才会贪得无厌嗜血如命。

▲蚊子是这样害人的

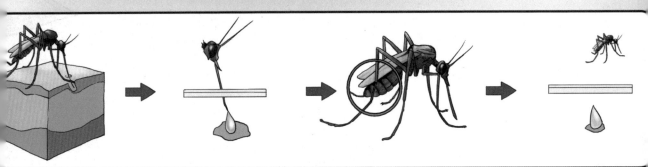

你知道蚊子是怎样咬人的吗？哈哈，选准目标，一下刺中！然后，对着你吐口唾沫。这是干吗？原来，蚊子的唾液里含有抗凝素，这种东西可以让被咬者的血液暂时无法凝结，以便蚊子能够饱餐一顿。现在，它们的肚子已经胀得鼓鼓的，抿抿嘴就可以走了。

哦，大蒜，切开的大蒜的味道实在太刺激了！就连蚊子也不喜欢。所以，夏夜里想要睡个安稳觉，也可以试着在床头柜上放几片切好的大蒜。

天生的杂技演员——尺蠖

　　天哪，果树、茶树和桑树……那些鲜嫩嫩的叶子全被尺蠖盯上了。尺蠖幼虫又叫"造桥"虫——天哪，这东西爬行的时候，每爬一步都会把腰拱得老高，真的好像一座小拱桥哦。

哈哈，玩倒立，玩各种角度的倾斜，轻松地游走于树叶与树枝之间——尺蠖的幼虫简直是天生的杂技演员！这是怎么做到的呢？原来，这家伙肚子底下长了好多脚，就好像运动员穿钉子鞋似的，抓地能力超好。

槐尺蠖就是寄生在各种槐树上的尺蠖，这家伙俗称吊死鬼，因为它们会借助自己的丝线挂在树枝上悠悠荡荡。

▲变成啥样都是坏蛋一个

尺蠖长大之后，就会变成大翅膀的尺蛾。这东西有花的、白的、绿的……总之它们会伪装成树枝或树叶的样子，以便瞒天过海继续繁衍后代，残害花草树木。